电网建设安规执行要点

（线路部分）

普通话、四川话对照版本

本书编写组　编

U0260387

中国电力出版社
CHINA ELECTRIC POWER PRESS

图书在版编目（CIP）数据

电网建设安规执行要点.线路部分：普通话、四川话对照版本 /《电网建设安规执行要点》编写组编 .—北京：中国电力出版社，2019.5（2019.10 重印）

ISBN 978-7-5198-3032-8

Ⅰ.①电… Ⅱ.①电… Ⅲ.①电网—电力工程—工程施工—安全规程—中国 ②输电线路—电力工程—工程施工—安全规程—中国 Ⅳ.① TM727-65

中国版本图书馆 CIP 数据核字（2019）第 057109 号

出版发行：中国电力出版社
地　　址：北京市东城区北京站西街 19 号（邮政编码 100005）
网　　址：http://www.cepp.sgcc.com.cn
责任编辑：薛　红（010-63412346）
责任校对：王小鹏
装帧设计：王红柳
责任印制：石　雷

印　　刷：北京瑞禾彩色印刷有限公司
版　　次：2019 年 5 月第一版
印　　次：2019 年 10 月北京第二次印刷
开　　本：880 毫米 ×1230 毫米　24 开本
印　　张：3.25
字　　数：110 千字
印　　数：5001—6000 册
定　　价：30.00 元

前　言

　　近年来，随着国民经济的高速发展，电网建设的步伐持续加快，电力工程参建人员数量不断增加，电网建设施工安全风险愈发突出。为认真贯彻落实《国家电网公司电力安全工作规程（电网建设部分）（试行）》（简称《电网建设安规》）要求，进一步增强施工作业人员安全意识，提升基建安全管控能力，有效防范各类安全事故，国网四川省电力公司组织相关专家，分析研判电网建设安全形势，归纳提炼《电网建设安规》内容，形成《电网建设安规执行要点》。

　　本套书内容全部出于《电网建设安规》相关条款，分为变电和线路两个专业，包含组塔、架线、安装、调试等36个工种。按照不改变原意、不产生歧义的原则，采用两句七字诀的方式排列，语句简短、朗朗上口，图文并茂、通俗易懂，同时为了更加适合四川省内电力建设相关企业管理人员和一线员工学习使用，七字诀对应给出了四川方言对照文字。

　　本书为《电网建设安规执行要点（线路部分）》。

　　由于编者的业务水平及工作经验所限，书中如有错漏或不妥之处，敬请广大读者批评指正。此外，在本书的编写过程中，得到了许多领导、专家、同行的帮助，在此一并表示由衷的感谢。

编　者

2019 年 1 月

目　录

1 压 接

普通话版本	四川话版本
我是线路压接工，安规执行不放松；	我是线路压接工，安规执行不放松；
切割线头要扎牢，回弹伤人可不好；	切割线头先捆紧，小心散了弹到你；
压钳压模要配对，细看钳体裂纹没；	压钳压模配起对，钳体裂纹看清没；
顶盖钳体要吻合，旋转到位才操作；	顶盖钳体要合缝，转不到位先莫动；
启动运行先空载，用时盯表不过载；	机器发燃先检查，盯到表针莫过压；
卸荷不用溢流阀，随意调整要被罚；	不要去调溢流阀，不能卸荷继续压；
人体莫在压钳上，指头不进压模下；	身体莫在压钳上，指头莫伸压模下；
预防跑线做到位，东西挂稳都防坠；	预防跑线做到位，东西挂稳不能落；
滑轮绳索检查好，起吊绳索做二保；	滑车绳子检查好，起吊绳子当二保；
位置合理姿势好，我打手势你盯表。	位置姿势要摆好，我打手势你盯表。

（一）

切割线头先捆紧
小心散了弹到你

（二）

压钳压模配起对
钳体裂纹看清没

（三）

顶盖钳体要合缝
转不到位先莫动

（四）

机器发燃先检查
盯到表针莫过压

【释义】切割导线时线头应扎牢，并防止线头回弹伤人。

【编制依据】

1. 切割导线时线头应扎牢。[《电网建设安规》10.4.1 b）条]

2. 并防止线头回弹伤人。[《电网建设安规》10.4.1 b）条]

【释义】使用前检查液压钳体与顶盖的接触口，压钳与压模是否配对，液压钳体有裂纹者不得使用。

【编制依据】使用前检查液压钳体与顶盖的接触口，液压钳体有裂纹者不得使用。[《电网建设安规》10.4.2 a）条]

【释义】放入顶盖时，应使顶盖与钳体完全吻合，不得在未旋转到位的状态下压接。

【编制依据】

1. 放入顶盖时，应使顶盖与钳体完全吻合。[《电网建设安规》10.4.2 c）条]

2. 不得在未旋转到位的状态下压接。[《电网建设安规》10.4.2 c）条]

【释义】液压机起动后先空载运行，检查各部位运行情况，压接时注意压力指示，不得过荷载。

【编制依据】

1. 液压机起动后先空载运行，检查各部位运行情况，正常后方可使用。[《电网建设安规》10.4.2 b）条]

2. 注意压力指示，不得过荷载。[《电网建设安规》10.4.2 d）条]

（五）

**不要去调溢流阀
不能卸荷继续压**

【释义】不得用溢流阀卸荷，液压泵的安全溢流阀不得随意调整。

【编制依据】

1. 不得用溢流阀卸荷。[《电网建设安规》10.4.2 e）条]

2. 液压泵的安全溢流阀不得随意调整。[《电网建设安规》10.4.2 e）条]

（六）

**身体莫在压钳上
指头莫伸压模下**

【释义】压接钳活塞起落时，人体不得位于压接钳上方，手指头不能进入压模内。

【编制依据】压接钳活塞起落时，人体不得位于压接钳上方。[《电网建设安规》10.4.2 b）条]

（七）

**预防跑线做到位
东西挂稳不能落**

【释义】高空压接时，导线应有二道保护等防跑线措施，高空人员压接工器具及材料应做好防坠落措施。

【编制依据】

1. 导线应有防跑线措施。[《电网建设安规》10.4.3 d）条]

2. 高空人员压接工器具及材料应做好防坠落措施。[《电网建设安规》10.4.3 c）条]

（八）

滑车绳子检查好
起吊绳子当二保

【释义】高空压接时，压接前应检查起吊液压机的绳索和起吊滑轮完好。液压机升空后应做好悬吊措施，起吊绳索作为二道保险。

【编制依据】

1. 压接前应检查起吊液压机的绳索和起吊滑轮完好。[《电网建设安规》10.4.3 a）条]

2. 液压机升空后应做好悬吊措施，起吊绳索作为二道保险。[《电网建设安规》10.4.3 b）条]

（九）

位置姿势要摆好
我打手势你盯表

【释义】高空压接时，位置设置应合理，方便操作。液压泵操作人员应与压接钳操作人员密切配合，液压泵操作人员除注意看压力表外还应密切注意压接钳操作人员的手势指挥。

【编制依据】

1. 位置设置合理，方便操作。[《电网建设安规》10.4.3 a）条]

2. 液压泵操作人员应与压接钳操作人员密切配合。[《电网建设安规》10.4.2 d）条]

2 飞行员及地面指挥（无人机、动力伞、飞艇）

普通话版本	四川话版本
我是引绳展放工，安规执行不放松；	我是引绳展放工，安规执行不放松；
按照说明选场地，运行试好飞行器；	起降选场看说明，飞机试好才得行；
传输距离先要算，无线信号不中断；	无线传输要够远，通信稳妥不得断；
气象条件很关键，是否成功把天看；	飞不飞得要看天，电磁环境最优先；
安全系数三和五，引绳不断才靠谱；	安全系数三和五，引绳不断才靠谱；
引绳高度听指挥，精准跨越平安归。	专人指挥牵引绳，不偏不离做精准。

（一）

起降选场看说明
飞机试好才得行

【释义】飞行器的起降场地应满足设备使用说明书规定。展放导引绳前应对飞行器进行 GPS 定位，试运行至规定时间后，检查各部运行状态是否良好。

【编制依据】

1. 飞行器的起降场地应满足设备使用说明书规定。[《电网建设安规》10.3.12 d）条]

2. 展放导引绳前应对飞行器进行试运行至规定时间后，检查各部运行状态是否良好。[《电网建设安规》10.3.12 a）条]

（二）

无线传输要够远
通信稳妥不得断

【释义】采用无线信号传输操作的飞行器，信号传输距离应满足飞行距离要求，飞行中确保无线信号不中断。

【编制依据】采用无线信号传输操作的飞行器，信号传输距离应满足飞行距离要求。[《电网建设安规》10.3.12 b）条]

（三）

飞不飞得要看天
电磁环境最优先

【释义】飞行器应在满足飞行的气象条件下飞行，包括雨雾、风速、雷电、气温、海拔等，还要看电磁环境是否满足要求。

【编制依据】飞行器应在满足飞行的气象条件下飞行。[《电网建设安规》10.3.12 c）条]

（四）

安全系数三和五
引绳不断才靠谱

【释义】为确保初级导引绳在使用时不破断，选用时应注意：为钢丝绳时安全系数不得小于 3；为纤维绳时安全系数不得小于 5。

【编制依据】初级导引绳为钢丝绳时安全系数不得小于 3；为纤维绳时安全系数不得小于 5。［《电网建设安规》10.3.12 e）条］

（五）

专人指挥牵引绳
不偏不离做精准

【释义】飞行器牵放导引绳时，应安排人指挥控制引绳高度，引导飞行不偏离路线，做到精准跨越。

3 抱杆组立与拆卸

普通话版本

抱杆规格要计算，超过负荷不要干；
抱杆螺栓要专用，以小代大严禁用；
抱杆使用要慎重，弯曲严重不能用；
变形腐蚀又脱焊，表面裂纹都要换；
拉线要绑节点下，防止上拔节点挂；
悬浮抱杆盯承托，特别注意看夹角；
抱杆底座地要平，软弱地基防下沉；
采用单侧摇臂吊，对侧平衡很重要；
抱杆就位收拉线，组塔过程有监护；
座地抱杆要接地，电阻大了要更换；
起重臂下组构件，符合力矩才能干。

四川话版本

抱杆规格要计算，超过负荷不要干；
抱杆螺栓要专用，以小代大严禁用；
抱杆接起要撑展，弯的太凶不要用；
细看变形和裂纹，螺栓不对不得行；
拉线要绑节点下，防止拉线往上滑；
悬浮抱杆盯承托，特别注意看夹角；
抱杆脚子地要平，地基耙了防下沉；
摇臂起吊用单侧，两边平衡才要得；
抱杆就位拉线紧，组塔过程有人盯；
座地抱杆要接地，电阻大了就要换；
起重臂下组构件，符合力矩才能干。

（一）

抱杆规格要计算
超过负荷不要干

【释义】抱杆选择要根据荷载计算后确定，不能超出抱杆规定的最大负荷，搬运使用中不得抛掷和碰撞。

【编制依据】抱杆规格应根据荷载计算确定，不得超负荷使用。搬运、使用中不得抛掷和碰撞。[《电网建设安规》9.3.5a）条]

（二）

抱杆螺栓要专用
以小代大严禁用

【释义】抱杆连接螺栓应使用专用螺栓，不得以小代大。

【编制依据】抱杆连接螺栓应按规定使用，不得以小代大。[《电网建设安规》9.3.5 b）条]

（三）

抱杆接起要撑展
弯的太凶不要用

【释义】抱杆使用要检查整体弯曲，不得超过杆长的1/600，局部弯曲严重，变形、表面腐蚀、裂纹或脱焊不得使用。

【编制依据】金属抱杆，整体弯曲不得超过杆长的1/600，局部弯曲严重、磕瘪变形、表面腐蚀、裂纹或脱焊不得使用。[《电网建设安规》9.3.5 c）条]

（四）

细看变形和裂纹
螺栓不对不得行

【释义】抱杆帽或承托环表面裂纹、螺纹变形或螺栓缺少不得使用。

【编制依据】抱杆帽或承托环表面有裂纹、螺纹变形或螺栓缺少不得使用。[《电网建设安规》9.3.5 d）条]

（五）

拉线要绑节点下
防止拉线向上滑

【释义】抱杆内拉线的下端应绑在靠近塔架上端的主材节点下方，防止上拔。

【编制依据】抱杆内拉线的下端应绑扎在靠近塔架上端的主材节点下方。（《电网建设安规》9.7.3 条）

（六）

悬浮抱杆盯承托
特别注意看夹角

【释义】提升抱杆时应使用两道腰环，且间距不得小于5m，这样可以保持抱杆的竖直状态。

【编制依据】提升抱杆宜设置两道腰环，且间距不得小于5m，以保持抱杆的竖直状态。（《电网建设安规》9.7.4 条）

（七）

抱杆脚子地要平
地基耙了防下沉

【释义】竖立抱杆的底座地面要平整稳固，若为软弱地基时要采取防止抱杆下沉的措施。

【编制依据】抱杆应坐落在坚实稳固平整的地基或设计规定的基础上，若为软弱地基时应采取防止抱杆下沉的措施。（《电网建设安规》9.8.2 条）

（八）

摇臂起吊用单侧
两边平衡才要得

【释义】抱杆采取单侧摇臂起吊构件时，要将对侧摇臂及起吊滑车组收紧作为平衡拉线。

【编制依据】抱杆采取单侧摇臂起吊构件时，对侧摇臂及起吊滑车组应收紧作为平衡拉线。（《电网建设安规》9.8.6 条）

（九）

抱杆就位拉线紧
组塔过程有人盯

【释义】抱杆就位后应立即收紧拉线并固定，组塔过程中要有专人监护。

【编制依据】抱杆就位后，四侧拉线应收紧并固定，组塔过程中应有专人值守。（《电网建设安规》9.8.10 条）

（十）

座地抱杆要接地
电阻大了就要换

【释义】抱杆立好后要设置接地装置，且接地电阻不得大于 4Ω。

【编制依据】抱杆应用良好的接地装置，接地电阻不得大于 4Ω。（《电网建设安规》9.8.11.2 条）

（十一）

起重臂下组构件
符合力矩才能干

【释义】构件应组装在起重臂下方，且符合起重臂允许起重力矩要求。

【编制依据】构件应组装在起重臂下方，且符合起重臂允许起重力矩要求。（《电网建设安规》9.8.11.3 条）

4 索道搭拆

普通话版本	四川话版本
我是索道搭拆工，安规执行不放松； 索道搭拆应遵循，两个规范一规程； 设备出厂要检验，合格证书是关键； 索道弛度要精算，架设严把弛度关； 坡大低处设挡止，料场支架设限位； 索道架完装接地，雷雨大风就不去。	我是索道搭拆工，安规执行不放松； 索道搭拆应遵循，两个规范一规程； 设备出厂要检验，合格证书是关键； 索道弛度要精算，架设严把弛度关； 料场支架有限位，挡止措施要整对； 索道架完装接地，雷雨大风就不去。

（一）

索道搭拆应遵循
两个规范一规程

【释义】索道的设计、安装、检验、运行、拆卸应严格遵守《货运架空索道安全规范》,《架空索道工程技术规范》,《电力建设安全工作规程 第 2 部分：电力线路》及有关技术规定。

【编制依据】索道的设计、安装、检验、运行、拆卸应严格遵守 GB 12141《货运架空索道安全规范》、GB 50127《架空索道工程技术规范》、DL 5009.2《电力建设安全工作规程 第 2 部分：电力线路》及有关技术规定。（《电网建设安规》9.1.9.1 条）

（二）

设备出厂要检验
合格证书是关键

【释义】索道设备出厂时应进行检验，并出具合格证书。

【编制依据】索道设备出厂时应按有关标准进行严格检验，并出具合格证书。（《电网建设安规》9.1.9.2 条）

（三）

索道弛度要精算
架设严把弛度关

【释义】索道架设前应根据索道设计运输能力，选用的承力索规格，支撑点高度和高差、跨越物高度、索道档距等数据进行索道架设弛度计算，施工时严格控制索道架设弛度。

【编制依据】索道架设应按索道设计运输能力、选用的承力索规格、支撑点高度和高差、跨越物高度、索道档距精确计算索道架设弛度，架设时严格控制弛度误差范围。（《电网建设安规》9.1.9.3 条）

（四）

**料场支架有限位
挡止措施要整对**

【释义】索道料场支架处应设置限位装置，在低处料场处或坡度较大的支架处设置挡止装置。

【编制依据】索道料场支架处应设置限位装置，低处料场及坡度较大的支架处宜设置挡止装置。（《电网建设安规》9.1.9.4 条）

（五）

**索道架完装接地
雷雨大风就不去**

【释义】索道架设完成后应装设接地装置，恶劣天气环境下不得作业。

【编制依据】

1. 索道架设后应在各支架及牵引设备处安装临时接地装置。（《电网建设安规》9.1.9.6 条）

2. 遇有雷雨、五级及以上大风等恶劣天气时不得作业。（《电网建设安规》9.1.9.12 条）

5 索道操作

普通话版本	四川话版本
我是索道操作工，安规执行不放松； 索道架设已完成，验收试车才运行； 索道架完装接地，雷雨大风人不去； 十米每秒最高速，通过支架要减速； 有人喊停立即停，查明原因再运行； 要想有效制动好，缠绕五圈不能少； 索道运行有要求，承重索下不停留； 停机才能装卸料，超载装人要禁止。	我是索道操作工，安规执行不放松； 索道架设已完成，验收试车才运行； 索道架完装接地，雷雨大风不要去； 十米每秒最高速，通过支架要减速； 有人喊停马上停，查明原因再运行； 刹车好坏经常看，磨筒五圈不少缠； 索道在动隔远点，绳子下头跑快点； 装卸人员要干活，机器停了你再说。

（一）

索道架设已完成
验收试车才运行

【释义】索道架设完成后必须先进行验收，再进行试运行，试运行合格后才能投入运行。

【编制依据】索道架设完成后，需经使用单位和监理单位安全检查验收合格后才能投入试运行，索道试运行合格后，方可运行。（《电网建设安规》9.1.9.5 条）

（二）

索道架完装接地
雷雨大风不要去

【释义】索道架设完成后应装设临时接地装置，恶劣天气时不得作业。

【编制依据】

1. 索道架设后应在各支架及牵引设备处安装临时接地装置。（《电网建设安规》9.1.9.6 条）

2. 遇有雷雨、五级及以上大风等恶劣天气时不得作业。（《电网建设安规》9.1.9.12 条）

（三）

十米每秒最高速
通过支架要减速

【释义】索道运行速度最高控制在 10m/min，通过支架时应减速。

【编制依据】索道运行速度应根据所运输物件的重量，调整发动机转速，最高运行速度不宜超过 10m/min。载重小车通过支架时，牵引速度应缓慢，通过支架后方可正常运行。（《电网建设安规》9.1.9.7 条）

（四）

有人喊停马上停
查明原因再运行

【释义】索道运行时任何一个监护点发出停机指令，都必须先停机，查明原因并处理完成后方可继续运行。

【编制依据】运行时发现有卡滞现象应停机检查。对于任一监护点发出的停机指令，均应立即停机，等查明原因且处理完毕后方可继续运行。（《电网建设安规》9.1.9.8 条）

（五）

刹车好坏经常看
磨筒五圈不少缠

【释义】牵引设备卷筒上钢丝绳至少缠绕 5 圈。并经常检查制动装置是否保持有效的制动力。

【编制依据】牵引设备卷筒上的钢索至少应缠绕 5 圈。牵引设备的制动装置应经常检查，保持有效的制动力。（《电网建设安规》9.1.9.9 条）

（六）

索道在动隔远点
绳子下头跑快点

【释义】索道在运行时索道承重索下方不得有人员停留。

【编制依据】索道运行过程中不得有人员在承重索下方停留。（《电网建设安规》9.1.9.10 条）

（七）

装卸人员要干活
机器停了你再说

【释义】索道机必须停机后，装卸人员才能进入装卸区进行作业。索道严禁超载运行，禁止货运索道载人。

【编制依据】
1. 待驱动装置停机后，装卸人员方可进入装卸区域作业。（《电网建设安规》9.1.9.10 条）

2. 索道禁止超载使用，禁止载人。（《电网建设安规》9.1.9.11 条）

6 高空组塔

普通话版本	四川话版本
我是高空组塔工，安规执行不放松；	我是高空组塔工，安规执行不放松；
吊件下方危险源，人在下方不安全；	吊件下方有危险，人在下方赶快撵；
受力内侧不站人，这个规定要执行；	受力内侧不站人，这个坚决要执行；
杆塔上面若有人，调整拉线就不行；	杆塔上面还有人，调整拉线不得行；
无论塔上与塔下，始终保持能通话；	塔上塔下话清晰，高了就用对讲机；
小心钢绳很脆弱，构件接触要防割；	钢绳不准勒角钢，垫好软的防割伤；
材料工具不浮搁，其他办法也很多；	材料工具搁不稳，绳子铁线来捆紧；
高塔攀登自锁器，抱杆顶上红旗飘；	高塔攀登自锁器，百米红旗防飞机；
拧紧螺栓很重要，打毛丝扣来防盗；	地栓垫块螺帽紧，丝扣打毛要提醒；
高处安全站塔内，防护用具要到位。	塔身内侧更稳当，防护用具要可靠。

| （一）

吊件下方有危险
人在下方赶快捽 | 【释义】在吊件垂直下方不得有人停留。

【编制依据】吊件垂直下方不得有人。［《电网建设安规》9.1.8 a）条］ |

| （二）

受力内侧不站人
这个坚决要执行 | 【释义】在受力钢丝绳的内角侧不得有人。

【编制依据】在受力钢丝绳的内角侧不得有人。［《电网建设安规》9.1.8 b）条］ |

| （三）

杆塔上面还有人
调整拉线不得行 | 【释义】当杆塔上有人时，不得调整拉线。

【编制依据】禁止在杆塔上有人时，通过调整临时拉线来校正杆塔倾斜或弯曲。［《电网建设安规》9.1.8 c）条］ |

| （四）

塔上塔下话清晰
高了就用对讲机 | 【释义】在立塔过程中，应保持塔上塔下通信畅通。

【编制依据】分解组塔过程中，塔上与塔下人员通信联络应畅通。［《电网建设安规》9.1.8 d）条］ |

（五）

钢绳不准勒角钢
垫好软的防割伤

【释义】钢丝绳在与金属构件直接接触时容易被割断，因此在绑扎处要进行衬垫软物防割。

【编制依据】钢丝绳与金属构件绑扎处，应衬垫软物。[《电网建设安规》9.1.8 e）条]

（六）

材料工具搁不稳
绳子铁线来捆紧

【释义】材料工具浮搁在杆塔或抱杆上时容易掉落伤人。

【编制依据】组装杆塔的材料及工器具禁止浮搁在已立的杆塔和抱杆上。[《电网建设安规》9.1.8 f）条]

（七）

高塔攀登自锁器
百米红旗防飞机

【释义】一般高度超过 80m 的铁塔，无护笼时，人员上下应使用绳索式安全自锁器沿脚钉上下。当塔高超过 100m 时，在抱杆顶端应设置航空警示标志。

【编制依据】

1. 攀登高度 80m 以上铁塔宜沿有护笼的爬梯上下。如无爬梯护笼时，应采用绳索式安全自锁器沿脚钉上下。[《电网建设安规》9.1.8 h）条]

2. 铁塔高度大于 100m 时，组立过程中抱杆顶端应设置航空警示灯或红色旗号。[《电网建设安规》9.1.8 i）条]

（八）

**地栓垫块螺帽紧
丝扣打毛要提醒**

【释义】铁塔组立后，地脚螺栓应随即加垫板并拧紧螺帽及打毛丝扣。

【编制依据】铁塔组立后，地脚螺栓应随即加垫板并拧紧螺帽及打毛丝扣。[《电网建设安规》9.1.8 1）条]

（九）

**塔身内侧更稳当
防护用具要可靠**

【释义】高处作业人员应站在塔身内侧或其他安全位置，且安全防护用具已设置可靠后方准作业。

【编制依据】高处作业人员应站在塔身内侧或其他安全位置，且安全防护用具已设置可靠后方准作业。[《电网建设安规》9.3.7 b）条]

7 高处作业（线路）

普通话版本	四川话版本
我是高处作业工，安规执行不放松； 高处作业设监护，两米以上算高处； 上高之前做体检，身体不好不冒险； 衣袖整理防护配，扎紧裤脚鞋不滑； 正确使用安全带，随时检查不懈怠； 速差自控是宝贝，登高作业作后备； 工具材料捆牢靠，做好防坠不能抛； 爬上爬下有保护，安全装置处处设； 水平行走有扶手，下杆溜滑很危险； 高处作业把线断，不得往滑车上站； 安全带或速差器，附件安装拴主材； 走线只拴单根线，后备绳几根搂完； 霜冻雨雪要防滑，恶劣天气不上塔。	我是高处作业工，安规执行不放松； 高处作业设监护，两米以上算高处； 上高之前要体检，身体不好不冒险； 衣袖整理配防护，扎紧裤脚鞋不滑； 正确使用安全带，随时检查要记到； 速差自控是宝贝，登高作业作后备； 工具材料捆牢靠，做好防掉不要抛； 安全装置处处有，爬上爬下有保护； 水平行走有保护，下杆溜滑不能做； 高处作业把线断，不得踩着滑车干； 安全带或速差器，附件安装拴主材； 走线只拴单根线，后备绳几根搂完； 霜冻雨雪要防滑，恶劣天气不上塔。

（一）

高处作业设监护
两米以上算高处

【释义】距坠落高度基准面 2m 及以上有可能坠落的高度进行的作业均称为高处作业。高处作业应设专责监护人。

【编制依据】按照 GB 3608《高处作业分级》的规定，凡在距坠落高度基准面 2m 及以上有可能坠落的高度进行的作业均称为高处作业。高处作业应设专责监护人。（《电网建设安规》4.1.1 条）

（二）

上高之前要体检
身体不好不冒险

【释义】高处作业的人员应每年体检一次。患有不宜从事高处作业病症的人员，不得参加高处作业。

【编制依据】高处作业的人员应每年体检一次。患有不宜从事高处作业病症的人员，不得参加高处作业。（《电网建设安规》4.1.3 条）

（三）

衣袖整理配防护
扎紧裤脚鞋不滑

【释义】高处作业人员应衣着灵便，衣袖、裤脚应扎紧，穿软底防滑鞋，并正确佩戴个人防护用具。

【编制依据】高处作业人员应衣着灵便，衣袖、裤脚应扎紧，穿软底防滑鞋，并正确佩戴个人防护用具。（《电网建设安规》4.1.4 条）

（四）

正确使用安全带
随时检查要记到

【释义】高处作业应正确使用安全带并随时检查。

【编制依据】高处作业人员应正确使用安全带，宜使用全方位防冲击安全带。安全带及后备防护设施应高挂低用。高处作业过程中，应随时检查安全带绑扎的牢靠情况。（《电网建设安规》4.1.5 条）

（五）

速差自控是宝贝
登高作业作后备

【释义】杆塔组立、脚手架施工等高处作业时，应采用速差自控器等后备保护设施。

【编制依据】杆塔组立、脚手架施工等高处作业时，应采用速差自控器等后备保护设施。（《电网建设安规》4.1.5 条）

（六）

工具材料捆牢靠
做好防掉不要抛

【释义】高处作业所用的工具和材料应放在工具袋内或用绳索拴在牢固的构件上，较大的工具应系保险绳。上下传递物件应使用绳索，不得抛掷。

【编制依据】高处作业所用的工具和材料应放在工具袋内或用绳索拴在牢固的构件上，较大的工具应系保险绳。上下传递物件应使用绳索，不得抛掷。(《电网建设安规》4.1.13 条）

（七）

安全装置处处有
爬上爬下有保护
水平行走有保护
下杆溜滑不能做

【释义】在铁塔或者跨越架上爬上爬下应有保护，处处均有安全带、速差保护器、水平绳或临时扶手保护。在高处的水平构件上没扶手直立行走是非常危险的。禁止使用绳索或拉线上下杆塔，不得顺杆或单根构件下滑或上爬。

【编制依据】高处作业人员上下杆塔等设施应沿脚钉或爬梯攀登，在攀登或转移作业位置时不得失去保护。杆塔上水平转移时应使用水平绳或设置临时扶手，垂直转移时应使用速差自控器或安全自锁器等装置。禁止使用绳索或拉线上下杆塔，不得顺杆或单根构件下滑或上爬。（《电网建设安规》4.1.16 条）

（八）

高处作业把线断
不得踩着滑车干

【释义】高处断线时，作业人员不得站在放线滑车上操作。防止因断线后滑车晃动。

【编制依据】高处断线时，作业人员不得站在放线滑车上操作。（《电网建设安规》10.8.3 条）

（九）

安全带或速差器
附件安装拴主材
走线只拴单根线
后备绳几根搂完

【释义】附件安装时安全绳或速差自控器要拴在牢固的横担主材上，安装间隔棒时，安全带只能拴在一根子导线上，后备保护绳要拴在整相导线上。

【编制依据】附件安装时，安全绳或速差自控器应拴在横担主材上。安装间隔棒时，安全带应挂在一根子导线上，后备保护绳应拴在整相导线上。（《电网建设安规》10.7.4 条）

（十）

霜冻雨雪要防滑
恶劣天气不上塔

【释义】霜冻雨雪天气高处作业应注意防滑。遇到恶劣天气时不能进行高处作业。

【编制依据】

1. 在霜冻、雨雪后进行高处作业，人员应采取防冻和防滑措施。（《电网建设安规》4.1.21 条）

2. 遇有六级及以上风或暴雨、雷电、冰雹、大雪、大雾、沙尘暴等恶劣气候时，应停止露天高处作业。（《电网建设安规》4.1.8 条）

8 牵张机械操作

普通话版本	四川话版本
我是张牵操作工，安规执行不放松； 熟悉功能牢记心，带病运行不得行； 超速超载不得行，超温超压出问题； 事前检查不可少，空载运行要做到； 出口高差控制好，张机偏移就是少； 槽底完好我用心，牵绳匹配请记清； 有事请用对讲机，两场指挥请听清； 内角有人快劝离，小心钢绳弹着你； 听到信号忙停机，停要先停牵引机； 恢复程序要记清，恢复先开张力机； 哪些前方不能去，张力机和牵引机； 线绳跳槽需处理，停机等待不着急； 线盘六圈不能少，不然就会放飞了； 张力过夜双临锚，五米净空不可少； 人与大地相隔离，不然就会电击你。	我是张牵操作工，安规执行不放松； 故障动机不得行，不然就要伤到人； 超速超载要得，超温超压要卡机； 事前检查不可少，空载运转要良好； 出口夹角要做好，相邻塔位稳当了； 槽底磨损要修好，直径倍数不得少； 没得事情莫开腔，通信失灵要遭殃； 牵引过程要注意，转向内角不要去； 收到信号快停机，停机先停牵引机； 恢复牵引要记到，先开张机就是了； 啥子前方你莫去，张牵机前你莫去； 线绳跳槽要停机，赶紧弄好莫着急； 盘剩6圈才要得，少了6圈要不得； 张力过夜双临锚，五米净空不可少； 绝缘垫上站姿好，不挨我就不得遭。

（一）
故障动机不得行
不然就要伤到人

【释义】操作人员根据张牵机使用说明书要求进行各项功能操作，不允许超过限制的速度、限制的荷载、限制的温度、限制的压力或带故障牵引。

【编制依据】操作人员应严格依照使用说明书要求进行各项功能操作；禁止超速、超载、超温、超压或带故障运行。[《电网建设安规》10.3.1 a）条]

（二）
超速超载要不得
超温超压要卡机

【释义】在运行过程中，出现超速、超载、超温或张牵设备带病牵引的情况，可能会发生跑线、设备损坏等情况。

【编制依据】禁止超速、超载、超温、超压或带故障运行。[《电网建设安规》10.3.1 a）条]

（三）
事前检查不可少
空载运转要良好

【释义】使用前应对设备的布置、锚固、接地装置以及机械系统进行全面的检查，并做运转试验，空载运转应无异常。

【编制依据】使用前应对设备的布置、锚固、接地装置以及机械系统进行全面的检查，并做运转试验。[《电网建设安规》10.3.1.b）条]

（四）
出口夹角要做好
相邻塔位稳当了

【释义】张力机、牵引机进出口与邻塔悬挂点的高差及线路中心线的夹角满足设备的技术要求。

【编制依据】牵引机、张力机进出口与邻塔悬挂点的高差及与线路中心线的夹角应满足设备的技术要求。[《电网建设安规》10.3.1c）条]

（五）

槽底磨损要修好
直径倍数不得少

【释义】每个区段放线前后应对钢丝绳卷筒作检查，槽底磨损达到规定程度应更换；牵引机牵引卷筒槽底直径必须大于被牵引钢丝绳直径的 25 倍。

【编制依据】对于使用频率较高的钢丝绳卷筒应定期检查槽底磨损状态，牵引机牵引卷筒槽底直径不得小于被牵引钢丝绳直径的 25 倍。〔《电网建设安规》10.3.1 d）条〕

（六）

没得事情莫开腔
通信失灵要遭殃

【释义】张力放线通信联络必须可靠，张力场和牵引场必须设施工负责人。

【编制依据】张力放线应具有可靠的通信系统。牵引场、张力场应设专人指挥 。（《电网建设安规》10.3.14 条）

（七）

牵引过程要注意
转向内角不要去

【释义】牵引过程中，高速转向滑车与钢丝绳卷车的内角侧不得有人工作。

【编制依据】牵引过程中，牵引绳进入的主牵引机高速转向滑车与钢丝绳卷车的内角侧禁止有人。（《电网建设安规》10.3.15 条）

（八）

收到信号快停机
停机先停牵引机

【释义】现场指挥听到任何人员的停车信号都必须立即停机，再了解原因，停止牵引时应先停牵引机，再停张力机。

【编制依据】牵引时接到任何岗位的停车信号均应立即停止牵引，停止牵引时应先停牵引机，再停张力机。（《电网建设安规》10.3.16 条）

（九）

恢复牵引要记到
先开张机就是了

【释义】恢复牵引时应先开张力机，再开牵引机。

【编制依据】恢复牵引时应先开张力机，再开牵引机。（《电网建设安规》10.3.16 条）

（十）

啥子前方你莫去
张牵机前你莫去

【释义】牵引过程中，牵引机、张力机进出口前方不得有人通过或工作。

【编制依据】牵引过程中，牵引机、张力机进出口前方不得有人通过。（《电网建设安规》10.3.17 条）

（十一）

线绳跳槽要停机
赶紧弄好莫着急

【释义】牵引过程中遇到导引绳、牵引绳或导线跳槽、走板翻转或平衡锤搭在导线上等情况时，应停机处理。

【编制依据】牵引过程中发生导引绳、牵引绳或导线跳槽、走板翻转或平衡锤搭在导线上等情况时，应停机处理。（《电网建设安规》10.3.18 条）

（十二）

盘剩六圈才要得
少了六圈要不得

【释义】导线的尾线或牵引绳的尾绳在线盘或绳盘上的盘绕圈数均不得少于 6 圈，不然就会发现跑线、线盘滚落事件。

【编制依据】导线的尾线或牵引绳的尾绳在线盘或绳盘上的盘绕圈数均不得少于 6 圈。（《电网建设安规》10.3.19 条）

（十三）

张力过夜双临锚
五米净空不可少

【释义】导线或牵引绳带张力过夜应采取双锚（张牵机上锚固和线夹锚固）。其临锚张力不得小于对地距离为 5m 时的张力，同时满足对跨越物的距离要求。

【编制依据】

1. 导线或牵引绳带张力过夜应采取临锚安全措施。（《电网建设安规》10.3.20 条）

2. 其临锚张力不得小于对地距离为 5m 时的张力。（《电网建设安规》10.3.21 条）

（十四）

绝缘垫上站姿好
不挨我就不得遭

【释义】操作人员应站在干燥的绝缘垫上且不得与未站在绝缘垫上的人员接触。

【编制依据】操作人员应站在干燥的绝缘垫上且不得与未站在绝缘垫上的人员接触。[《电网建设安规》10.10.4 b）条]

9 拉线安装

普通话版本

我是拉线安装工，安规执行不放松；
拉线位置咋成型，架体高度加地形；
立柱拉线要独立，长细比例要合适；
若要提升架体高，控制拉线是首要；
经纬仪来控倾斜，保证架体不偏斜；
拆除格构跨越架，控制拉线来保驾；
拉线不可上下人，顺杆下滑要伤人；
拉线埋设要牢固，杆子倾倒要受苦；
独立构架四方锚，组装拉线不能跑；
杆塔倾斜要调整，人在杆上不能整；
临时拉线组塔锚，过夜措施采取好；
永久拉线装合适，临时拉线才可拆；
升降抱杆要行动，四侧拉线随到松；
构件起吊控制绳，你我均匀来松绳；
构件就位和起吊，抱杆拉线切莫调。

四川话版本

我是拉线安装工，安规执行不放松；
先来说说跨越架，高度地形拉线划；
立柱拉线要独立，长细比例要合适；
经纬仪器大用处，监测调整垂直度；
首先使用经纬仪，然后控制好拉线；
拆除格构跨越架，控制拉线来护驾；
禁沿拉线梭下塔，单根构件不顺滑；
杆塔倾斜爬不得，地锚拉线要合格；
独立构架四方锚，拉线牢靠才能搞；
杆塔倾斜要调正，人在杆上弄不得；
组塔临拉不过夜，过夜需要双保险；
吊装系统出问题，停止运转才检修；
升降抱杆听招呼，四根拉线随时动；
构件起吊我拉绳，你我均匀来松绳；
构件起吊和就位，抱杆拉线动不得。

（一）
先来说说跨越架
高度地形拉线划

【释义】跨越架的拉线位置应根据现场地形情况和架体组立高度来确定。

【编制依据】跨越架的拉线位置应根据现场地形情况和架体组立高度确定。[《电网建设安规》10.1.2 c）条]

（二）
立柱拉线要独立
长细比例要合适

【释义】跨越架的各个立柱应有独立的拉线系统；立柱的长细比一般不应大于120。

【编制依据】跨越架的各个立柱应有独立的拉线系统；立柱的长细比一般不应大于120。[《电网建设安规》10.1.2 c）条]

（三）
经纬仪器大用处
监测调整垂直度

【释义】用提升架提升跨越架架体时；应控制好拉线，并用经纬仪监测调整偏斜。

【编制依据】采用提升架提升跨越架架体时；应控制拉线并用经纬仪监测调整垂直度。[《电网建设安规》10.1.2 d）条]

（四）
首先使用经纬仪
然后控制好拉线

【释义】拆除跨越架架体时，控制好拉线，用经纬仪监测跨越架架体的倾斜。

【编制依据】采用提升架拆除金属格构式跨越架架体时，应控制拉线并用经纬仪监测垂直度。（《电网建设安规》10.1.5.2 条）

（五）

拆除格构跨越架
控制拉线来护驾

【释义】采用提升架拆除金属格构式跨越架架体，同时控制好拉线并用经纬仪监测垂直度。

【编制依据】采用提升架拆除金属格构式跨越架架体时，应控制拉线并用经纬仪监测垂直度。（《电网建设安规》10.1.5.2 条）

（六）

禁沿拉线梭下塔
单根构件不顺滑

【释义】禁止沿拉线或使用绳索上下杆塔，不得顺敢或单根构件下滑或上爬。

【编制依据】禁止使用绳索或拉线上下杆塔，不得顺杆或单根构件下滑或上爬。（《电网建设安规》4.1.16 条）

（七）

杆塔倾斜爬不得
地锚拉线要合格

【释义】在上电杆作业前，应检查电杆及拉线埋设是否牢固。
【编制依据】在电杆上进行作业前应检查电杆及拉线埋设是否牢固。（《电网建设安规》4.1.19 条）

（八）

独立构架四方锚
拉线牢靠才能搞

【释义】要用四面拉线对独立的构架组合进行固定，在地锚埋设和拉线固定牢靠后才可组装和吊装构支架。

【编制依据】对正在组装、吊装的构支架应确保地锚埋设和拉线固定牢靠，独立的构架组合应采用四面拉线固定。（《电网建设安规》4.8.1.6 条）

（九）

杆塔倾斜要调正
人在杆上弄不得

【释义】在杆塔上有人时，禁止通过调整临时拉线来校正杆塔倾斜或弯曲。

【编制依据】禁止在杆塔上有人时，通过调整临时拉线来校正杆塔倾斜或弯曲。[《电网建设安规》9.1.8 c）条]

（十）

组塔临拉不过夜
过夜需要双保险

【释义】组立的杆塔过夜时不准用临时拉线固定，如需要过夜时，应该对临时拉线采取安全措施。

【编制依据】组立的杆塔不得用临时拉线固定过夜。需要过夜时，应对临时拉线采取安全措施。[《电网建设安规》9.1.8 g）条]

（十一）

吊装系统出问题
停止运转才检修

【释义】起重机或吊装系统在作业中出现异常时，不得继续吊装，应采取措施放下吊件。

【编制依据】起重机在作业中出现异常时，应采取措施放下吊件，停止运转后进行检修，不得在运转中进行调整或检修。（《电网建设安规》9.9.7 条）

（十二）

升降抱杆听招呼
四根拉线随时动

【释义】升降抱杆过程中，拉线控制人员应根据指挥人命令适时调整四侧临时拉线。

【编制依据】升降抱杆过程中，四侧临时拉线应由拉线控制人员根据指挥人命令适时调整。（《电网建设安规》9.6.1 条）

（十三）
构件起吊我拉绳
你我均匀来松绳

【释义】起吊构件前，在吊件的外侧应设置控制绳，起吊过程中，控制绳应随吊件的提升均匀松出。

【编制依据】起吊构件前，吊件外侧应设置控制绳，吊件控制绳应随吊件的提升均匀松出。（《电网建设安规》9.6.3 条）

（十四）
构件起吊和就位
抱杆拉线动不得

【释义】构件在就位和起吊的时候，切记不要调整抱杆拉线。

【编制依据】构件起吊和就位过程中，不得调整抱杆拉线。（《电网建设安规》9.6.4 条）

10 灌注桩钻孔

普通话版本

我是灌桩钻孔工，安规执行不放松；
桩机平稳且牢靠，还要不摇不倾倒；
顶埋一米钢护筒，进钻负荷不超弄；
更换放置头笼导，防止物件孔中掉；
重物堆放离孔口，孔口警示我来吼；
闭水电机往下钻，电缆漏电就哀叹；
进浆管来是我管，停钻接杆再提杆。

四川话版本

我是灌桩钻孔工，安规执行不放松；
基脚着地要平稳，桩机牢靠不摇晃；
洞顶护筒埋一米，进钻负荷不得超；
杆头笼管换或放，防止物件洞中掉；
洞口警示盖板子，重物堆放近不得；
潜水电钻要防水，电缆破了要漏电；
收放浆管设专人，先停电钻后提杆。

（一）

基脚着地要平稳
桩机牢靠不摇晃

【释义】灌注桩钻孔前，桩机放置应平稳，基脚着地牢靠；以确保在钻孔作业时，桩机不摇晃，不倾倒。

【编制依据】

1. 桩机放置应平稳牢靠。（《电网建设安规》6.5.2.1 条）。

2. 作业时应保证机身不摇晃，不倾倒。（《电网建设安规》6.5.2.1 条）

（二）

洞顶护筒埋一米
进钻负荷不得超

【释义】灌注桩钻孔前，在钻孔顶部位置埋设钢护筒，钢护筒的埋设深度应当不小于1m; 进钻不得超过机械负荷运行。

【编制依据】孔顶应埋设钢护筒，其埋深应不小于 1m。不得超负荷进钻。（《电网建设安规》6.5.2.2 条）

（三）

杆头笼管换或放
防止物件洞中掉

【释义】灌注桩钻孔过程中，停机更换钻杆、钻头（钻锤）或放置钢筋笼、接导管等作业时，应采取措施防止物件掉落到钻孔内，比如采取兜护措施等。

【编制依据】更换钻杆、钻头（钻锤）或放置钢筋笼、接导管时，应采取措施防止物件掉落孔里。（《电网建设安规》6.5.2.3 条）

（四）

洞口警示盖板子
重物堆放近不得

【释义】灌注桩钻孔成孔之后，孔口应用盖板保护，并设置安全警示标志，并且在孔口附近不得堆放重物。

【编制依据】成孔后，孔口应用盖板保护，并设安全警示标志，附近不得堆放重物。（《电网建设安规》6.5.2.4 条）

（五）

潜水电钻要防水
电缆破损要漏电

【释义】灌注桩钻孔作业，使用的潜水钻机的电钻应使用封闭式防水电机；电机电缆不得破损、漏电，以免造成人员触电。

【编制依据】

1. 潜水钻机的电钻应使用封闭式防水电机。（《电网建设安规》6.5.2.5 条）

2. 电机电缆不得破损、漏电。（《电网建设安规》6.5.2.5 条）

（六）

收放浆管设专人
先停电钻后提杆

【释义】灌注桩钻孔作业，应由专人收放进浆胶管。接钻杆时，应先停止电钻，确定不再转动时，再提升钻杆。

【编制依据】

1. 应由专人收放进浆胶管。（《电网建设安规》第 6.5.2.6 条）

2. 接钻杆时，应先停止电钻转动，后提升钻杆。（《电网建设安规》6.5.2.6 条）

（七）

收放浆管设专人
先停电钻后提杆

【释义】灌注桩钻孔施工作业，作业人员若要进入钻孔中工作，应先确认钻孔是否有护筒或其他防护设施，确认防护设施可靠后，方可进入孔中工作。

【编制依据】作业人员不得进入没有护筒或其他防护设施的钻孔中工作。（《电网建设安规》6.5.2.7 条）

11 吊车组塔施工

普通话版本

我是吊车组塔工，安规执行不放松；
吊车位置我摆好，清除障碍不可少；
支腿伸出少不得，腿下垫方小不得；
吊前塔件检查好，衬垫软物不能少；
你来指挥我来吊，信号不明不起吊；
受力检查要做到，冲击试验不可少；
匀速起吊我做到，大起大落不得了；
进位螺栓连接了，再来旋臂不可靠；
塔片上升你松绳，均匀松出控制绳；
检修调整要记牢，停止工作才能搞；
近电作业注意好，设备接地搭可靠；
两台吊重要协调，起吊八折我记牢；
起重臂下不来人，人身安全有保证。

四川话版本

我是吊车组塔工，安规执行不放松；
吊车位置规划摆，地基牢靠没障碍；
吊装要稳必伸腿，垫好方木不得沉；
起吊塔件绑牢固，选好重心垫软物；
吊装操作听指挥，信号不清先停机；
冲击试验不能少，没有异常才起吊；
起吊速度要稳定，大起大落不得行；
塔片进位松吊绳，旋臂找正不得行；
起吊操作不分神，同步均匀松大绳；
出现异常往下放，落地才能修和调；
近电作业设监护，接地良好距离够；
两台抬吊要减重，额定吊重减两成；
吊装区域有监护，起重臂下不站人。

（一）

**吊车位置规划摆
地基牢靠没障碍**

【释义】吊车站位要提前规划，对地基进行夯实处理，清除吊车站位场地的障碍物。

【编制依据】起重机作业位置的地基应稳固，附近的障碍物应清除。（《电网建设安规》9.9.2 条）

（二）

**吊装要稳必伸腿
垫好方木不得沉**

【释义】吊车支腿必须伸出，支腿支撑处地面必须衬垫大小合适的方木，增加支腿受力面积。

【编制依据】汽车式起重机作业前应支好全部支腿，支腿应加垫木。（《电网建设安规》5.1.2.2 条）

（三）

**起吊塔件绑牢固
选好重心垫软物**

【释义】吊装前应检查即将吊装的塔件组装是否牢固、吊点绑扎是否牢固。吊点位置绑扎在物件重心以上。钢丝绳与金属构件绑扎处，应衬垫软物。

【编制依据】

1. 吊装铁塔前，应对已组塔段（片）进行全面检查。（《电网建设安规》9.9.3 条）

2. 吊点位置绑扎在物件重心以上。（《电网建设安规》4.5.18 条）

3. 钢丝绳与金属构件绑扎处，应衬垫软物。[《电网建设安规》9.1.8 e）条]

（四）

吊装操作听指挥
信号不清先停机

【释义】吊装时，吊车操作人员必须听从指挥人员命令，指挥人员看不清作业地点或操作人员看不清指挥信号时，均不得进行起吊作业。

【编制依据】指挥人员看不清作业地点或操作人员看不清指挥信号时，均不得进行起吊作业。（《电网建设安规》9.9.1 条）

（五）

冲击试验不能少
没有异常才起吊

【释义】吊件离开地面约 100mm 时应暂停起吊，确认正常且吊件上无搁置物及人员后，进行冲击试验，起吊系统无异常情况，方可继续起吊。

【编制依据】吊件离开地面约 100mm 时应暂停起吊并进行检查，确认正常且吊件上无搁置物及人员后方可继续起吊。（《电网建设安规》9.9.4 条）

（六）

起吊速度要稳定
大起大落不得行

【释义】起吊过程应匀速，防止大起大落对起吊系统产生较大的冲击力，影响起吊系统的安全稳定。

【编制依据】起吊速度应均匀。（《电网建设安规》9.9.4 条）

（七）

塔片进位松吊绳
旋臂找正不得行

【释义】进位螺栓连接后，应通过逐步向下松吊索的方式进行吊件的旋转进位，不得采用旋转起重臂的方法进行移位找正。

【编制依据】分段吊装铁塔时，上下段间有任一处连接后，不得用旋转起重臂的方法进行移位找正。（《电网建设安规》9.9.5 条）

（八） **起吊操作不分神** **同步均匀松大绳**	【释义】吊装过程中，控制绳操作人员要听从指挥人员指挥，同步匀速松出控制绳。 【编制依据】分段分片吊装铁塔时，控制绳应随吊件同步调整。（《电网建设安规》9.9.6条）
（九） **出现异常往下放** **落地才能修和调**	【释义】起重机或吊装系统在作业中出现异常时，不得继续吊装，应采取措施放下吊件。 【编制依据】起重机在作业中出现异常时，应采取措施放下吊件，停止运转后进行检修，不得在运转中进行调整或检修。（《电网建设安规》9.9.7条）
（十） **近电作业设监护** **接地良好距离够**	【释义】临近带电体作业时，设置专人监护安全距离，起重设备要可靠接地。 【编制依据】在电力线附近组塔时，起重机应接地良好。起重机及吊件、牵引绳索和拉绳与带电体的最小安全距离应符合规定。（《电网建设安规》9.9.8条）
（十一） **两台抬吊要减重** **额定吊重减两成**	【释义】采用两台起重机进行抬吊时，单台起重机的吊重不应超过额定起吊重量的80%。 【编制依据】使用两台起重机抬吊同一构件时，起重机承担的构件重量应考虑不平衡系数后且不应超过单机额定起吊重量的80%。（《电网建设安规》9.9.9条）

（十二）
吊装区域有监护
起重臂下不站人

【释义】起吊过程中做好安全监护工作，防止人员进入吊臂或吊物下方的吊装区域。

【编制依据】起重臂下和重物经过的地方禁止有人逗留或通过。（《电网建设安规》9.9.10 条）

12 地锚埋设

普通话版本	四川话版本
我是地锚埋设工，安规执行不放松； 组塔应设临时锚，锚体强度足够牢； 钢锚裂纹焊接好，马道受力同向跑； 临锚应防雨水泡，树木岩石不做锚； 起重工具与地锚，重要作业系数高； 地锚埋设验收好，回填密实要做到。	我是地锚埋设工，安规执行不放松； 组塔要挖临时锚，锚体强度不能小； 地锚裂纹不得了，马槽方向要挖好； 锚坑防雨泡不得，树木岩石莫做锚； 重要地锚要谨慎，安全系数按规定； 回填土层要夯实，专人验收做扎实。

（一）

组塔要挖临时锚
锚体强度不能小

【释义】组立铁塔必须设置临时地锚、锚体的强度要满足要求。

【编制依据】组塔应设置临时地锚（含地锚和桩锚），锚体强度应满足相连接的绳索的受力要求。[《电网建设安规》9.1.6 a）条]

（二）

地锚裂纹不得了
马槽方向要挖好

【释义】地锚上的焊接必须符合要求、开挖马道方向与受力位置、地锚钢丝绳套方向一致。

【编制依据】

1. 钢制锚体的加强筋或拉环等焊接缝有裂纹或变形时应重新焊接。[《电网建设安规》9.1.6 b）条]

2. 采用埋土地锚时，地锚绳套引出位置应开挖马道，马道与受力方向应一致。[《电网建设安规》9.1.6 c）条]

（三）

锚坑防雨泡不得
树木岩石莫做锚

【释义】地锚埋好后要有防雨水浸泡措施，不能用树木和外露岩石做地锚。

【编制依据】

1. 临时地锚应采取避免被雨水浸泡的措施。[《电网建设安规》9.1.6 e）条]

2. 不得利用树木或外露岩石等承力大小不明物体作为主要受力钢丝绳的地锚。[《电网建设安规》9.1.6 f）条]

（四） **重要地锚要谨慎** **安全系数按规定**

【释义】起重工具与地锚的安全系数必须提高。

【编制依据】起重工具和临时地锚应根据其重要程度将安全系数提高 20% ~ 40%。（《电网建设安规》11.1.11 条）

（五） **回填土层要夯实** **专人验收做扎实**

【释义】地锚埋设应设专人检查验收，回填土层应逐层夯实。

【编制依据】地锚埋设应设专人检查验收，回填土层应逐层夯实。[《电网建设安规》9.1.6 g）条]

13 跨越架搭拆

普通话版本

我是一名架子工，方案执行不放松；
断线跑线能扛住，防倾措施要牢固；
架子搭在中心线，宽度能保导地线；
羊角设在两边线，保证风偏不出线；
强风暴雨再检查，确认合格继续跨；
跨越公路要注意，架前早早把牌立；
立横钢管错开设，最少半米来搭接；
别忘设置扫地杆，底部应垫木铁板；
工完才能拆除架，先拆上面再拆下；
逐根传递扔不得，整体推倒要担责。

四川话版本

我是一名架子工，安规执行记心中；
断线跑线承得起，拉线支杆要配齐；
架子搭在中心线，宽度超过导地线；
架子两边伸羊角，保证风偏跑不脱；
暴风雨后要复查，发现问题停止跨；
跨越公路要设牌，提醒车辆注意开；
钢管接头要错开，搭接长度半米外；
脚子要搭扫地杆，兜底要垫木板板；
工完才准把架拆，先上后下逐根拆；
根根传递才要得，整体推倒要负责。

（一）

断线跑线承得起
拉线支杆要配齐

【释义】导线展放发生断线或跑线时，跨越架架体的强度要能承受导线的冲击。跨越架应该设立拉线等防止倾覆的措施。

【编制依据】

1. 跨越架架体的强度，应能在发生断线或跑线时承受冲击荷载。（《电网建设安规》10.1.1.3 条）

2. 跨越架应采取防倾覆措施。（《电网建设安规》10.1.1.4 条）

（二）

架架搭在中心线
宽度超过导地线

【释义】跨越架的中心线应与线路中心线在一条直线上，其宽度应该大于牵引绳或导地线最大风偏两边各 2m，跨越架顶两侧设外伸的羊角。

【编制依据】跨越架的中心应在线路中心线上，宽度应考虑施工期间牵引绳或导地线风偏后超出新建线路两边线各 2.0m，且架顶两侧应设外伸羊角。（《电网建设安规》10.1.1.6 条）

（三）

架子两边伸羊角
保证风偏跑不脱

【释义】跨越架的中心线应与线路中心线在一条直线上，其宽度应该大于牵引绳或导地线最大风偏两边各 2m，跨越架顶两侧设外伸的羊角。

【编制依据】跨越架的中心应在线路中心线上，宽度应考虑施工期间牵引绳或导地线风偏后超出新建线路两边线各 2.0m，且架顶两侧应设外伸羊角。（《电网建设安规》10.1.1.6 条）

（四）

暴风雨后要复查
发现问题停止跨

【释义】强风、暴雨过后应对跨越架进行检查，看跨越架拉线及支架是否完好，确认合格后方可继续使用。

【编制依据】强风、暴雨过后应对跨越架进行检查，确认合格后方可使用。（《电网建设安规》10.1.1.12 条）

（五）

跨越公路要设牌
提醒车辆注意开

【释义】跨越公路的跨越架，应在公路前方距跨越架两侧适当的距离设置"前方施工，车辆慢行"类似警示标识牌。

【编制依据】跨越公路的跨越架，应在公路前方距跨越架适当距离设置提示标志。（《电网建设安规》10.1.1.13 条）

（六）

钢管接头要错开
搭接长度半米外

【释义】钢管跨越架的钢管外径宜用 48mm ~ 51mm，立杆和大横杆在搭接时不可对接，应该错开搭接，并且错开搭接长度不得小于 0.5m。

【编制依据】钢管跨越架宜用外径 48mm ~ 51mm 的钢管，立杆和大横杆应错开搭接，搭接长度不得小于 0.5m。[《电网建设安规》10.1.4 g）条]

（七）

脚子要搭扫地杆
兜底要垫木板板

【释义】钢管立杆的底部应垫木板或金属座，不可直接插入土中，并且底部还要设置扫地杆。

【编制依据】钢管立杆底部应设置金属底座或垫木，并设置扫地杆。[《电网建设安规》10.1.4 i）条]

（八）

完工才准把架拆
先上后下逐根拆
根根传递才要得
整体推倒要负责

【释义】导地线展放完后，必须要等附件安装完毕方可拆除跨越架。拆除跨越架应该从上至下逐根拆除，并有人传递，不可直接向下抛扔。千万不可上下同时拆除跨越架或将跨越架整体推倒。

【编制依据】附件安装完毕后，方可拆除跨越架。钢管、木质、毛竹跨越架应自上而下逐根拆除，并应有人传递，不得抛扔。不得上下同时拆架或将跨越架整体推倒。（《电网建设安规》10.1.5.1 条）

14 基础开挖（线路）

普通话版本

我是基础开挖工，安规执行不放松；
深坑井内防坍塌，通风措施要最佳；
夜间照明要充分，并且应挂警示灯；
坡道扶梯坑内设，休息不许坑内侧；
一米之内不堆土，高度不超一米五；
坑边使用机械时，支撑强度要合适；
人工开挖基础坑，先清坑口再清坑；
开挖深度超两米，取土需用器械提；
坑底面积超两平，两人背对方可行。

四川话版本

我是基础开挖工，安规执行不放松；
坑子深了要防垮，吹风进氧不犯傻；
围栏标志少不得，晚上点灯不摸黑；
上下坑子用爬梯，不在坑里把气歇；
一米以外才堆土，高度小于一米五；
挖机坑边容易垮，撑子撑够才切哈；
坑子边上有石头，落进坑子打烂头；
坑子深度到两米，泥巴不甩改成提；
坑子小了个人挖，大也不要对倒挖。

（一）
坑子深了要防垮
吹风进氧不犯傻

【释义】在深基坑及井内作业时，要采取可靠的防塌措施，坑、井内要采取通风措施，保障通风良好，氧气含量充足。

【编制依据】在深坑及井内作业应采取可靠的防塌措施，坑、井内的通风应良好。（《电网建设安规》6.1.1.3条）

（二）
围栏标志少不得
晚上点灯不摸黑

【释义】开挖施工区域应设安全围栏和安全标志牌，安全围栏距坑边不得小于0.8m，夜间应挂警示灯，以防夜间人员看不清而误入施工区域。夜间进行土石方作业时，要提供足够的照明设备，并且应该有专人监护。

【编制依据】挖掘施工区域应设围栏及安全标志牌，夜间应挂警示灯，围栏离坑边不得小于0.8m。夜间进行土石方作业应设置足够的照明，并设专人监护。（《电网建设安规》6.1.1.4条）

（三）
上下坑子用爬梯
不在坑里把气歇

【释义】基坑内应该设可靠的扶梯或者坡道以供人员上下，作业人员不可攀登挡土板支撑上下，需要休息时应在坑外休息，切不得在坑内休息。

【编制依据】基坑应有可靠的扶梯或坡道，作业人员不得攀登挡土板支撑上下，不得在基坑内休息。（《电网建设安规》6.1.1.6条）

（四）
一米以外才堆土
高度小于一米五

【释义】基坑开挖余土应堆至距坑边1m以外的位置，并且堆土高度不得超过1.5m。

【编制依据】堆土应距坑边1m以外，高度不得超过1.5m。（《电网建设安规》6.1.1.7条）

（五）

挖机坑边容易垮
撑子撑够才切哈

【释义】在坑沟边使用机械进行挖土时，要对支撑强度进行计算，以防支撑强度不够，出现垮塌，确保作业安全。

【编制依据】在坑沟边使用机械挖土时，应计算支撑强度，确保作业安全。（《电网建设安规》6.1.3.2 条）

（六）

坑子边上有石头
落进坑子打烂头

【释义】人工进行基坑开挖时，应该先清除坑口的浮土，向坑外抛土石时要注意安全，防止土石回落砸伤人员。

【编制依据】人工开挖基坑，应先清除坑口浮土，向坑外抛扔土石时，应防止土石回落伤人。（《电网建设安规》6.1.4.1 条）

（七）

坑子深度到两米
泥巴不甩改成提

【释义】当基坑开挖深度达到 2m 的时候，停止用铁锹向外直接扔土，应该用取土器械进行提土。取土器械在取土过程中不得与坑壁发生刮擦。

【编制依据】当基坑深度达 2m 时，宜用取土器械取土，不得用锹直接向坑外抛扔土。取土机械不得与坑壁刮擦。（《电网建设安规》6.1.4.1 条）

（八）

坑子小了个人挖
大也不要对倒挖

【释义】挖掘人员在进行作业时，相互间横向间距不得小于 2m，纵向间距不得小于 3m；当坑底面积超过 2m² 时，可以由两人同时进行开挖，但需背对作业，不可面对面作业。

【编制依据】挖掘作业人员之间，横向间距不得小于 2m，纵向间距不得小于 3m；坑底面积超过 2m² 时，可由两人同时挖掘，但不得面对面作业。（《电网建设安规》6.1.4.3 条）

15 基础浇筑

普通话版本

我是基础浇筑工，安规执行不放松；
手推送料别太满，用力不要太过猛；
卸料平台需牢固，外低里高设横木；
卸料坑内应无人，料别直接入坑内；
模板和架要绑牢，振捣防电要做好；
浇筑完成余物清，抛掷倾倒不可行；
振动搅拌桩机移，防倾措施要可行。

四川话版本

我是基础浇筑工，安规执行不放松；
推车不满坡不陡，莫使莽劲还松手；
料台结实中间高，横木两边一掐高；
坑头有人不下料，下料不要直接倒；
模板架子要牢靠，发现问题处理掉；
鞋子手套都绝缘，捣固用电更安全；
搬动暂停要断电，搁在架上不能干。

（一）

推车不满坡不陡
莫使莽劲还松手

【释义】用手推车送混凝土时，装料不要装得过满，送料的斜道坡度不得超过 1:6。不得用力过猛或者双手放开手推车把手。

【编制依据】手推车运送混凝土时，装料不得过满，斜道坡度不得超过 1:6。卸料时，不得用力过猛和双手放把。（《电网建设安规》6.4.4.1.1 条）

（二）

料台结实中间高
横木两边一掐高

【释义】基坑口搭设卸料平台，平台应平整牢固，应外低里高，大概 5° 左右的坡度，并在沿口处设置高度不低于 150mm 的横木，防止手推车滑到坑内。

【编制依据】基坑口搭设卸料平台，平台平整牢固，应外低里高（5° 左右坡度），并在沿口处设置高度不低于 150mm 的横木。（《电网建设安规》6.4.4.2.1 条）

（三）

坑头有人不下料
下料不要直接倒

【释义】卸料时确保基坑内无人，不可将混凝土直接倒入基坑内。

【编制依据】卸料时基坑内不得有人，不得将混凝土直接翻入基坑内。（《电网建设安规》6.4.4.2.2 条）

（四）

模板架子要牢靠
发现问题处理掉

【释义】浇筑过程中要随时检查模板、脚手架的稳固情况，发现情况后应立即停止工作，及时处理。

【编制依据】浇筑中应随时检查模板、脚手架的牢固情况，发现问题，及时处理。（《电网建设安规》6.4.4.2.3 条）

（五）

鞋子手套都绝缘
捣固用电更安全
搬动暂停要断电
搁在架上不能干

【释义】振捣的人员应穿好绝缘靴、戴好绝缘手套防止振捣过程中触电。搬动振动器或暂停作业时应将振动器电源切断。运行中的振动器不得放在模板、脚手架上。

【编制依据】振捣作业人员应穿好绝缘靴、戴好绝缘手套。搬动振动器或暂停作业应将振动器电源切断。不得将运行中的振动器放在模板、脚手架上。（《电网建设安规》6.4.4.2.5 条）

16 地面组塔

普通话版本

普通话版本

我是组塔地面工，安规执行不放松；
构件连接孔对正，要用撬棍来找正；
传递器材不得抛，用绳拴牢传送好；
宽大塔片地上装，竖立构件需捆绑；
挂材螺帽需露扣，自由塔件要绑牢；
抱杆螺栓规定用，以小代大行不通；
抱杆用前需查看，不用变形或脱焊；
塔材不得顺坡堆，由上往下莫强推；
坡上塔片防滑动，未连构件防滚动。

四川话版本

我是组塔地面工，安规要点记心中；
构件连接孔对正，要用撬棍来找正；
高空抛物天要怒，绑好传递要牢固；
组片竖材要固定，绑好以后才连接；
带材螺帽出丝扣，活材朝上要捆起；
螺栓尺寸要配好，以小带大祸事找；
抱杆用前要检查，不合要求用不得；
顺坡堆材会下梭，选料莫要鼓捣拖；
坡上塔片要放稳，连好构件不能滚。

（一）

构件连接孔对正
要用撬棍来找正

【释义】塔材在组装构件连接对孔时，禁止将手指伸入螺孔找正，应用工器具进行找正。

【编制依据】组装构件连接对孔时，禁止将手指伸入螺孔找正。（《电网建设安规》9.3.1 条）

（二）

高空抛物天要怒
绑好传递要牢固

【释义】组塔时，在塔上传递工器具及材料应用传递绳，不得抛掷。

【编制依据】传递工具及材料不得抛掷。（《电网建设安规》9.3.2 条）

（三）

组片竖材要固定
绑好以后才连接

【释义】组装断面宽大的塔片，在竖立的构件未连接牢固前应采取固定措施绑固牢靠。

【编制依据】组装断面宽大的塔片，在竖立的构件未连接牢固前应采取临时固定措施。（《电网建设安规》9.3.3 条）

（四）

带材螺帽出丝扣
活材朝上要捆起

【释义】分片组装铁塔时，带上去的辅材应能自由活动。辅材挂点螺栓的螺帽应露扣，防止辅材不稳掉落。辅材自由端朝上时应与相连构件进行临时捆绑固定。

【编制依据】分片组装铁塔时，所带辅材应能自由活动。辅材挂点螺栓的螺帽应露扣。辅材自由端朝上时应与相连构件进行临时捆绑固定。（《电网建设安规》9.3.4 条）

（五）

螺栓尺寸要配好
以小带大祸事找

（六）

抱杆用前要检查
不合要求用不得

（七）

顺坡堆材会下梭
选料莫要鼓捣拖

（八）

坡上塔片要放稳
连好构件不能滚

【释义】抱杆连接螺栓应按规定使用，不得以小代大。

【编制依据】抱杆连接螺栓应按规定使用，不得以小代大。
[《电网建设安规》9.3.5 b）条]

【释义】金属抱杆，整体弯曲不得超过杆长的 1/600，局部弯曲严重、磕瘪变形、表面腐蚀、裂纹或脱焊不得使用。

【编制依据】金属抱杆，整体弯曲不得超过杆长的 1/600，局部弯曲严重、磕瘪变形、表面腐蚀、裂纹或脱焊不得使用。
[《电网建设安规》9.3.5 c）条]

【释义】塔材堆放时不得顺斜坡堆放。在组装选料时，应由上往下搬运塔材，不得强行在塔材中拽拉。

【编制依据】

1. 塔材不得顺斜坡堆放。[《电网建设安规》9.3.6 a）条]

2. 选料应由上往下搬运，不得强行拽拉。[《电网建设安规》9.3.6 b）条]

【释义】山坡上的塔片垫物应稳固，并且应有防止构件滑动的措施。组装管形构件时，构件间未连接前应采取防止滚动的措施。

【编制依据】

1. 山坡上的塔片垫物应稳固，且应有防止构件滑动的措施。[《电网建设安规》9.3.6 c）条]

2. 组装管形构件时，构件间未连接前应采取防止滚动的措施。[《电网建设安规》9.3.6 d）条]

17 测工（线路）

我是线路测量工，安规执行不放松；
跨越施工前看图，复核以下三大组；
跨越地点交叉角，带电线路对地高；
交叉导线的高度，导线边线间宽度；
以上情况及地形，动工之前需查明；
跨越地点测断面，考虑季节温度变。

我是线路测量工，安规要点记心中；
跨越施工莫粗心，各种数据复核清；
跨越地点交叉角，带电线路离地高；
交叉导地线高度，导线边线间宽度；
上面情况加地形，开工之前要查明；
复核跨越点断面，想到季节温度变。

（一）
跨越施工莫粗心
各种数据复核清

【释义】跨越施工前不要粗心大意，应仔细按线路施工图中交叉跨越点断面图进行复测，复核清楚各种数据，包括：对跨越点交叉角度、被跨越不停电电力线路架空地线在交叉点的对地高度、下导线在交叉点的对地高度、导线边线间宽度、地形等。

【编制依据】跨越施工前应按线路施工图中交叉跨越点断面图，对跨越点交叉角度、被跨越不停电电力线路架空地线在交叉点的对地高度、下导线在交叉点的对地高度、导线边线间宽度、地形等情况进行复测。（《电网建设安规》11.1.8 条）

（二）
跨越地点交叉角
带电线路离地高

【释义】对跨越点交叉角度、被跨越不停电电力线路架空地线在交叉点的对地高度进行复测。

【编制依据】跨越施工前应按线路施工图中交叉跨越点断面图，对跨越点交叉角度、被跨越不停电电力线路架空地线在交叉点的对地高度、下导线在交叉点的对地高度、导线边线间宽度、地形等情况进行复测。（《电网建设安规》11.1.8 条）

（三）
交叉导地线高度
导线边线间宽度

【释义】对跨越点下导线在交叉点的对地高度、导线边线间宽度进行复测。

【编制依据】跨越施工前应按线路施工图中交叉跨越点断面图，对跨越点交叉角度、被跨越不停电电力线路架空地线在交叉点的对地高度、下导线在交叉点的对地高度、导线边线间宽度、地形等情况进行复测。（《电网建设安规》11.1.8 条）

（四）

上面情况加地形
开工之前要查明

【释义】复测上面几条加上地形等情况进行复测，是开工之前需要查明的。

【编制依据】跨越施工前应按线路施工图中交叉跨越点断面图，对跨越点交叉角度、被跨越不停电电力线路架空地线在交叉点的对地高度、下导线在交叉点的对地高度、导线边线间宽度、地形等情况进行复测。（《电网建设安规》11.1.8 条）

（五）

复核跨越点断面
想到季节温度变

【释义】复测跨越点断面图时，应考虑复测季节与施工季节环境温度的变化。

【编制依据】复测跨越点断面图时，应考虑复测季节与施工季节环境温度的变化。（《电网建设安规》11.1.9 条）

18 电工（线路基础、变电临时电源等）

普通话版本	四川话版本
我是一名临电工，安规执行不放松；	我是一名临电工，安规执行不放松；
持证上岗是前提，岗位责任记心中；	持证上岗是前提，岗位责任要晓得；
施工用电编方案，布设要求合规范；	施工用电编方案，布设要求搞明白；
用电设施竣工后，验收合格才使用；	用电设施竣工后，验收合格才得行；
专业电工来负责，台账记录要分册；	专业电工来负责，台账记录不能少；
施工用电勤检查，隐患治理要闭环；	施工用电勤检查，隐患治理要闭环；
三级配电二保护，漏保装置不能少；	三级配电二保护，漏保装置少不得；
有电部位需隔离，带电防护要做好；	有电部位需隔离，带电防护整牢靠；
高压配电和装置，隔离开关装合适；	高压配电和装置，隔离开关装巴适；
电缆线路来施工，敷设埋地和架空；	电缆线路来施工，埋地架空讲规矩；
电缆走向按总图，做好保护再标志；	电缆走向按总图，做好保护再标志；
埋深防护和标志，措施要求要记清；	埋深防护和标志，措施要求弄清楚；
电缆芯线有分工，颜色区分要认清；	电缆芯线有分工，颜色区分要辨明；

普通话版本

线路设备做绝缘，布线整齐有讲究；
带电部分加防护，线路路径选择好；
用电设备电源线，引线长度有规矩；
保险应用专用丝，容量大小按要求；
负荷名称需标明，接口顺序要分清；
插座插销选结构，规格选用有讲究；
夜间作业全过程，照明光线要充足；
特殊场所用行灯，安全电压要分清；
配电线路检修时，地线挂牌不可少；
保护接地接零线，连接方法要可靠；
电气设备及设施，接地接零装设好；
用电措施要弄清，施工人员执行好；
用电设施常检查，定期检测留记录；
末级保护要选好，关键时刻把命保；
动力箱和照明箱，分别设置有规矩；
配电箱送电停电，操作顺序要牢记。

四川话版本

线路设备做绝缘，布线整齐有门道；
带电部分加防护，线路路径选巴适；
用电设备电源线，引线长度有要求；
保险熔丝莫选错，随便乱整惹大祸；
负荷名称需标明，接口顺序整清楚；
插座插销选结构，规格选用要慎重；
夜间作业全过程，照明光线整充足；
特殊场所用行灯，安全电压弄明白；
配电线路检修时，地线挂牌少不得；
保护接地接零线，连接方法整牢靠；
电气设备及设施，接地接零装巴适；
用电措施要弄清，施工人员整撑展；
用电设施常检查，定期检测记录好；
末级保护要选好，关键时刻把命保；
动力照明分两箱，分别设置有规矩；
停电送电有顺序，操作顺序记到起。

（一）

持证上岗是前提
岗位责任要晓得

【释义】低压电工作为特殊工种，必须经过专业培训考试，持证上岗，在工作中落实好用电管理职责。

【编制依据】特种作业人员、特种设备作业人员应按照国家有关规定，取得相应资格，并按期复审，定期体检。（《电网建设安规》2.2.4条）

（二）

施工用电编方案
布设要求搞明白

【释义】作业前，应编制施工用电方案，布设要求应符合国家行业有关规定。

【编制依据】施工用电方案应编入项目管理实施规划或编制专项方案，其布设要求应符合国家行业有关规定。（《电网建设安规》3.5.1.1条）

（三）

用电设施竣工后
验收合格才得行

【释义】施工用电设施按照批准的方案进行施工，竣工验收合格后方可投入使用。

【编制依据】施工用电设施应按批准的方案进行施工，竣工后应经验收合格方可投入使用。（《电网建设安规》3.5.1.2条）

（四）

专业电工来负责
台账记录不能少

【释义】施工用电由专业电工负责，分册建立用电管理台账。

【编制依据】施工用电设施安装、运行、维护应由专业电工负责，并应建立安装、运行、维护、拆除作业记录台账。（《电网建设安规》3.5.1.3条）

（五）

施工用电勤检查
隐患治理要闭环

【释义】施工用电管理应做到经常性检查，对发现的用电安全隐患应做到整改闭环。

【编制依据】施工用电工程应定期检查，对安全隐患应及时处理，并履行复查验收手续。（《电网建设安规》3.5.1.4 条）

（六）

三级配电二保护
漏保装置少不得

【释义】施工用电应采用三级配电二级保护系统，末端应装漏电保护装置。

【编制依据】施工用电工程的 380V/220V 低压系统，应采用三级配电、二级剩余电流动作保护系统（漏电保护系统），末端应装剩余电流动作保护装置（漏电保护器）；专用变压器中性点直接接地的低压系统宜采用 TN－S 接零保护系统。（《电网建设安规》3.5.1.5 条）

（七）

有电部位需隔离
带电防护整牢靠

【释义】变压器如采用地面平台安装，安装高度需满足要求；需做好防护隔离围栏和悬挂安全警示标志。

【编制依据】35kV 及 10kV/400kVA 以上的变压器如采用地面平台安装，装设变压器的平台应高出地面 0.5m，其四周应装设高度不低于 1.7m 的围栏。围栏与变压器外廓的距离：10kV 及以下应不小于 1m，35kV 应不小于 1.2m，并应在围栏各侧的明显部位悬挂"止步、高压危险！"的安全标志。（《电网建设安规》3.5.2.2 条）

（八）
高压配电和装置
隔离开关装巴适

【释义】高压配电装置应装设隔离开关，分断时应有明显断开点。

【编制依据】高压配电装置应装设隔离开关，隔离开关分断时应有明显断开点。（《电网建设安规》3.5.4.2 条）

（九）
电缆线路来施工
埋地架空讲规矩

【释义】电缆线路敷设应采用埋地或架空方式，禁止沿地面明设。

【编制依据】电缆线路应采用埋地或架空敷设，禁止沿地面明设，并应避免机械损伤和介质腐蚀。（《电网建设安规》3.5.4.8 条）

（十）
电缆走向按总图
做好保护再标志

【释义】电缆走向按总平面布置图规定，埋设深度有规定要求，做好保护并设置明显标志。

【编制依据】现场直埋电缆的走向应按施工总平面布置图的规定，沿主道路或固定建筑物等的边缘直线埋设，埋深不得小于 0.7m，并应在电缆紧邻四周均匀敷设不小于 50mm 厚的细砂，然后覆盖砖或混凝土板等硬质保护层；在地面上设明显的标志；通过道路时应采用保护套管。（《电网建设安规》3.5.4.9 条）

（十一）

电缆芯线有分工
颜色区分要辨明

【释义】低压电力电缆使用有规定，采用五芯电缆时芯线颜色要分清，禁止混用。

【编制依据】低压电力电缆中应包含全部工作芯线和用作工作零线、保护零线的芯线。需要三相四线制配电的电缆线路应采用五芯电缆。五芯电缆应包含淡蓝、绿／黄两种颜色绝缘芯线。淡蓝色芯线用作工作零线（N线）；绿／黄双色芯线用作保护零线（PE线），禁止混用。（《电网建设安规》3.5.4.11条）

（十二）

线路设备做绝缘
布线整齐有门道
带电部分加防护
线路路径选巴适

【释义】用电线路及设备绝缘应良好，布线应整齐，裸露带电部分加防护，架空线路路径应合理选择。

【编制依据】用电线路及电气设备的绝缘应良好，布线应整齐，设备的裸露带电部分应加防护措施。架空线路的路径应合理选择，避开易撞、易碰以及易腐蚀场所。（《电网建设安规》3.5.4.12条）

（十三）

用电设备电源线
引线长度有要求

【释义】用电设备的电源引线长度应符合规定要求。

【编制依据】用电设备的电源引线长度不得大于5m，长度大于5m时，应设移动开关箱。移动开关箱至固定式配电箱之间的引线长度不得大于40m，且只能用绝缘护套软电缆。（《电网建设安规》3.5.4.13条）

（十四）

保险熔丝莫选错
随便乱整惹大祸

【释义】禁止用金属丝代替熔丝，其容量应满足要求。

【编制依据】开关和熔断器的容量应满足被保护设备的要求。闸刀开关应有保护罩。禁止用其他金属丝代替熔丝。（《电网建设安规》3.5.4.15 条）

（十五）

负荷名称需标明
接口顺序整清楚

【释义】负荷应标明名称，开关及熔断器接口顺序要弄清，禁止倒接。

【编制依据】多路电源配电箱宜采用密封式；开关及熔断器应上口接电源，下口接负荷，禁止倒接；负荷应标明名称，单相开关应标明电压。（《电网建设安规》3.5.4.17 条）

（十六）

插座插销选结构
规格选用要慎重

【释义】不同电压等级插座与插销应选用相应的结构和规格。

【编制依据】不同电压等级的插座与插销应选用相应的结构，禁止用单相三孔插座代替三相插座。单相插座应标明电压等级。（《电网建设安规》3.5.4.18 条）

（十七）

夜间作业全过程
照明光线整充足

【释义】合理布设照明设施，夜间作业要有足够照明光线。

【编制依据】在光线不足的作业场所及夜间作业的场所均应有足够的照明。（《电网建设安规》3.5.4.23 条）

（十八） **特殊场所用行灯 安全电压弄明白**	**【释义】**特殊场所使用的行灯安全电压要分清。 **【编制依据】**行灯的电压不得超过 36V，潮湿场所、金属容器或管道内的行灯电压不得超过 12V。行灯应有保护罩，行灯电源线应使用绝缘护套软电缆。（《电网建设安规》3.5.4.26 条）
（十九） **配电线路检修时 地线挂牌少不得**	**【释义】**配电线路检修时，装设好接地线和悬挂安全警示牌。 **【编制依据】**高压配电设备、线路和低压配电线路停电检修时；应装设临时接地线，并应悬挂"禁止合闸、有人工作！"或"禁止合闸、线路有人工作！"的安全标志牌。（《电网建设安规》3.5.4.29 条）
（二十） **保护接地接零线 连接方法整牢靠**	**【释义】**电源线、保护接零线和保护接地线的连接方法应可靠。 **【编制依据】**电源线、保护接零线、保护接地线应采用焊接、压接、螺栓连接或其他可靠方法连接。（《电网建设安规》3.5.5.4 条）
（二十一） **电气设备及设施 接地接零装巴适**	**【释义】**电气设备及设施，均应装设接地或接零保护。 **【编制依据】**对地电压在 127V 及以上的下列电气设备及设施，均应装设接地或接零保护。（《电网建设安规》3.5.5.6 条）

（二十二）

用电措施要弄清
施工人员整撑展

【释义】用电安全负责人及施工作业人员应严格执行施工用电安全施工技术措施，熟悉施工现场配电系统。

【编制依据】用电安全负责人及施工作业人员应严格执行施工用电安全施工技术措施，熟悉施工现场配电系统。（《电网建设安规》3.5.6.2 条）

（二十三）

用电设施常检查
定期检测记录好

【释义】施工用电设施应定期检查并记录。对用电设施的绝缘电阻及接地电阻应进行定期检测并记录。

【编制依据】施工用电设施应定期检查并记录。对用电设施的绝缘电阻及接地电阻应进行定期检测并记录。（《电网建设安规》3.5.6.5 条）

（二十四）

末级保护要选好
关键时刻把命保

【释义】配电箱剩余动作电流保护装置动作电流和时间均有规定要求。

【编制依据】末级配电箱中剩余电流动作保护装置（漏电保护器）的额定动作电流不应大于 30mA，额定漏电动作时间不应大于 0.1s。（《电网建设安规》3.5.6.8 条）

（二十五）

**动力照明分两箱
分别设置有规矩**

【释义】动力配电箱与照明配电箱宜分别设置。

【编制依据】动力配电箱与照明配电箱宜分别设置。当合并设置为同一配电箱时，动力和照明应分路配电；动力末级配电箱与照明末级配电箱应分设。（《电网建设安规》3.5.6.10 条）

（二十六）

**送电停电有顺序
操作顺序记到起**

【释义】配电箱送电、停电操作顺序要记清楚。

【编制依据】配电箱送电、停电应按照下列顺序进行操作：a）送电操作顺序：总配电箱→分配电箱→末级配电箱。（《电网建设安规》3.5.6.12 条）